鱼料理专家的
美味菜单

［日］是友麻希　著

刘美凤　译

北京出版集团公司
北京美术摄影出版社

序

您好！我是鱼料理研究人是友麻希。

感谢您从众多食谱中拿起本书。我想，拿起本书的人，应该是喜欢吃鱼，或是不擅长烹饪鱼，或是出于健康目的希望食用鱼类，但却不知道该怎么做的人吧？

鱼真的很好吃欤！而且它是健康食物，有益于身体，有美容功效，好处多多。然而，其烹饪方法似乎又很难，让人不知如何下手。归根到底，是不知如何进行前处理。鱼，就是这样一种食材。

说老实话，我之所以成为一名鱼料理研究人，也是出于这一原因。

我对鱼的喜爱简直无以复加，从小时候起，就总吃鱼。但是，待成年后要做时，却总也料理不好。说到底，是根本不知道该怎么做，也无处可学。虽然现在烹饪教室林林总总，但在 15 年前我立志成为料理研究师时，却并没有什么烹饪教室。

于是，为了开办烹饪教室，教授自己希望学习的东西，我先在银座的寿司店学习。之后，又开办专业鱼料理烹饪教室，做活动策划，执笔写作，直到今天。

此书将我大约 15 年间对鱼料理的疑惑和思考，做成了食谱的形式，以尽量方便读者在家中还原再现。

烹饪鱼虽有很多诀窍，但首要的是，最少限度地运用诀窍，想着，鱼就是简单好吃！！！这样就可以啦！

鱼料理并不特别，它是每天都会想吃的寻常食物。这本书中包含的心愿是，期待它也能进入有用食谱的行列，对忙碌的您每天做晚餐有所帮助……

是友麻希

专栏

"鱼料理"的基本与诀窍

1　平底锅选择方法与注意事项

基本要求是，氟树脂加工，直径26厘米。锅盖须选择能够盖严的盖子。如有可能，最好选择可观察锅内情况的玻璃锅盖。

如果平底锅大于基本尺寸，要稍微增加水量（炖汁等）。因为如果大于基本尺寸，水分蒸发快，有可能烧煳锅。

如果平底锅小于基本尺寸，按照所示水量即可。

如果所用平底锅非氟树脂加工，容易煳锅时，烹饪时请注意调整火候。

2　鱼的基本挑选方法与前处理

鱼基本上请使用"鱼块"或者"已做前处理的整鱼"烹饪。

整条出售的鱼如请卖家帮忙做前处理，将会非常方便。

希望提升段位的读者，可以参考第 16 页《掌握沙丁鱼手工宰杀方法！》、第 20 页《秋刀鱼前处理》、第 26 页《掌握竹荚鱼三枚去中骨法！》、第 36 页《竹荚鱼开腹》、第 44 页《整鱼前处理》、第 75 页《鲽鱼前处理》、第 80 页《掌握鱿鱼宰杀方法！》，正经八百地挑战一下烹饪方法。

鱼块的前处理

不用冲洗，用纸巾按压双面擦拭，去掉多余水分。如果担心鱼块过腥，可用2种方法去腥：

①撒上薄盐；

②整体浇上清酒。

两种方法均放置 5 分钟左右，然后将渗出的水分用纸巾等物仔细擦掉。

整鱼前处理

去除鱼鳞、鱼鳃、内脏（鱼肠）、血合肉，用水冲洗后，仔细清洗鱼腹内部，并用纸巾等物仔细擦净水分。如果带鱼鳃烹饪，容易发腥。去掉内脏后，还要仔细擦拭血合肉部分。如果是厚身鱼，无论是鱼块还是整鱼，在"鱼皮上划上刀口"，不仅熟得快，也容易入味。

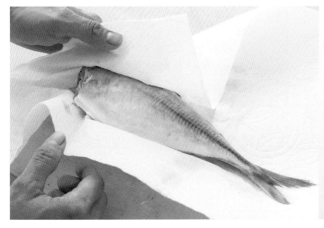

3　炖鱼

炖汁无须盖过全部鱼身，至鱼身厚度一半即可。炖煮期间，碰触或者翻动鱼身均是大忌。

在鱼身上盖上直径小于锅沿的锅盖加热，类似于用盖锅盖时产生的泡沫层加热的感觉。

由于平底锅大小和鱼身厚度原因，可能会出现炖汁不够的情况，这时要加少许水。

炖鱼通常基本是在炖汁煮沸时放入，但倘若用的是平底锅，锅开得很快，鱼要放入冷汤当中。然后，使用不会溢锅的强～中火快速炖煮，因平底锅大小程度不同，有时会容易煳锅，要注意调整火候。

鱼皮划上刀口炖煮的话，其间鱼皮不易卷起，成菜效果好。

如果介意鱼的"腥味"或者"打卷"，可做"霜降"（在鱼皮上浇开水）处理后再行炖煮。

4　煎烤鱼

首先，使油在平底锅内分布均匀。基本上，从鱼装盘时朝上的那面开始煎。

如果翻动次数过多，鱼身会变碎，所以只翻一次面即可。使用筷子或者锅铲，仔细翻动。

由于鱼肉比其他肉易熟，所以还要注意火候。尤其是白色鱼，片刻即熟，无须双面煎透。单面煎好后，翻面，然后稍微加热即可起锅。

5 炸鱼

　　鱼用盐预腌调味时，撒盐之后，放 10 分钟左右，用纸巾等物将腌出的水分仔细擦掉。鱼肉比其他肉炸熟得快，要注意调整加热时间，避免焦煳。

　　炸得带上焦色，即可起锅。尤其是白色鱼，利用余热也可炸熟，及时处理很重要。

6 蒸鱼

　　即使没有蒸具，只要有平底锅和锅盖，就能轻松做出蒸煮鱼。

　　烹饪时，先开大火，开锅后，转中火，在短时间内蒸好。中途如果水量不足，加少量水。

7 用平底锅煮饭

　　务必使用"直径26厘米的平底锅"。使用其他大小平底锅的，需要调整米量、水量和开火时间。

　　所用平底锅耐热效果不同，煮饭方式也会有所区别。如果煮好后感觉米饭发硬，可加少许水，延长加热时间，焖饭时间也略微增加。

本书用法
- 计量单位：1 小匙 =5 毫升（cc），1 大匙 =15 毫升（cc）。1 杯 =200 毫升（cc）。计量大米时，1 杯 =180 毫升（150 克）。
- 食谱火力无特别叙述的，为"中火"。
- 平底锅使用直径 26 厘米的锅。使用其他尺寸的锅时，请调整火候、加热时间和水量。
- 微波炉请使用 600 瓦功率。如为 500 瓦，时间请以 1.2 倍为准。
- 食谱基本为"2 人份"，考虑到烹饪方便程度，必要处标为"1 人份""4 人份"。
- "看这里小贴士"栏讲述了食谱要点、注意事项和烹饪诀窍。

关于调味料和油
- 调味料无特别注释的，砂糖为细白砂糖，盐为自然盐，酱油为老抽（生抽可用老抽代替），味噌酱使用自己喜欢的酱，面粉使用低筋面粉。
- 橄榄油使用特级初榨橄榄油。
- 汤汁虽指"用海带和鲣鱼干做成的日式汤汁"，但亦可使用市售"日式浓汤宝"做成。

第 1 章

日式菜肴

做霜降处理后，用纸巾按压双面，仔细擦去水分

鲽鱼鱼皮面朝上放入锅内，开火

盖上用烹饪纸（或者铝箔）做的直径小于锅沿的锅盖

🐟 材料（2 人份）

鲽鱼块　2 块
姜（切薄片）　4 片
牛蒡　1/2 根
莲藕　100 克

A（炖汁）	清酒　1/2 杯
	水　1/2 杯
	砂糖　1 大匙
	酱油　2 大匙
	味淋　1 大匙

以下鱼块亦可

鲜鳕鱼、鲈鱼、
金眼鲷、金吉鱼、
加吉鱼

🍳 烹饪方法

1　鲽鱼鱼皮浇上开水（霜降，参考第 7、92 页），并用纸巾擦净水分（a）。

2　牛蒡用清洁球蹭掉外皮，按 4 厘米长切段，用水冲洗 2~3 分钟。莲藕按 1 厘米厚切圆片，用水冲洗 2~3 分钟。

3　将 A、姜、鲽鱼鱼皮朝上放入锅内，开火（b）。盖上直径小于锅沿的锅盖（c），开中火，烧 8 分钟。

4　放入牛蒡、莲藕，盖上直径小于锅沿的锅盖，小火烧 3 分钟左右。

5　关火，保持原样，利用余热加热 3 分钟左右。

看这里 ↓ 小贴士

鲽鱼有赫氏鲽、大牙拟庸鲽、钝吻黄盖鲽等品种。如有鱼子，鱼子不易熟，将鱼子从鱼身中取出，放在平底锅内一起烧，8 分钟左右即熟。

成菜"口感清新"的炖汁分量

A	清酒　1/2 杯
	水　1/2 杯
	酱油　1 大匙
	味淋　1 大匙
	姜（擦泥）　1 小匙

根菜浓炖鲽鱼

🐟 **材料（2人份）**

青花鱼块　2块（半条，200克）

色拉油　1大匙

姜（切薄片）　2片

大葱（切丝）　适量

姜（切丝）　适量

A（炖汁）
- 清酒　1/2杯
- 水　1/2杯
- 砂糖　2大匙
- 味噌酱　2大匙
- 蒜（擦泥）　1/4小匙

以下鱼块、整鱼亦可

鲥鱼、鲽鱼、
沙丁鱼、秋刀鱼

烹饪方法

1　A放入碗内，仔细拌匀，青花鱼在鱼皮上划上小口（a）。

2　平底锅内倒入色拉油烧热，将青花鱼鱼皮朝下放入（b）。鱼身带上焦色后，翻面。

3　放入1的炖汁A、姜，大火烧开锅（c），盖上直径小于锅沿的锅盖（d），中火烧5分钟左右。

4　装盘，撒上葱姜。

在鱼皮上划上"十"字小口

鱼皮朝下放入锅内煎

大火煮沸炖汁

盖上用烹饪纸（或者铝箔）做的锅盖（直径小于锅沿）

看这里 小贴士

注意，青花鱼若炖煮过头，口感会变渣。姜蒜一同放入，味道会更加鲜美。油若使用芝麻油，就会成为味道喷喷香的酱煮鱼。

成菜"口感清新"的炖汁分量

A（炖汁）
- 清酒　1/2杯
- 水　1/2杯
- 梅干　1个
- 姜（切薄片）　2片

※ 平底锅内放入青花鱼，加入A，开火，开锅后，盖上直径小于锅沿的锅盖，中火烧5分钟。

味噌酱煮青花鱼

烤鲣鱼

🐟◀ 材料（2 人份）

鲣鱼（带鱼皮，鱼生段）

　　1 段（约 200 克）

A（佐料）
- 萝卜（擦泥）5 厘米
- 黄瓜（擦泥）1/2 根
- 蘘荷（擦泥）1 根
- 姜（擦泥）拇指首节大小

B
- 日式橙醋（市售品）2 大匙
- 蒜（擦泥）少许
- 香油 2 小匙

捏住烹饪纸的上下两端，让鱼
滚着煎比较容易操作

━◉ 烹饪方法

1 平底锅烧热，铺上烹饪纸，放入鲣
鱼，滚动煎烤，直到全身微带焦色（a）。

2 按 1 厘米左右厚度切开，装盘。

3 将 A 按顺序堆成自己喜欢的形状，
蘸 B 食用。

看这里

小贴士

"烤鲣鱼"是用铁签穿起鱼身直接
放在火上烤，这里介绍一种容易操
作的平底锅烧烤方法。铺上烹饪
纸，不会焦煳，非常方便。希望烤
上焦色时，不要频繁翻面，单面大
火烤 20 秒左右，再烤另一面。鲣
鱼可以不带鱼皮，但是如果带上鱼
皮，吃起来更香，口感也更佳。

以下鱼块亦可

金枪鱼（鱼生段）、
三文鱼（鱼生段）、
鲕鱼（鱼生段）

梅香姜煮沙丁鱼

🐟 材料（2人份）

沙丁鱼　2条

梅干　2个

姜（切薄片）　4片

A (炖汁)		
	清酒	1/2 杯
	水	1/2 杯
	砂糖	1 小匙
	酱油	1 大匙
	味淋	1 大匙

小油菜（按5厘米长切段）

　　　　　1棵

核桃（如有，打碎）　4粒

沙丁鱼放入冷汁内，开火。梅干可按照个人喜好，压扁煮亦可

🍳 烹饪方法

1　沙丁鱼（参考第16页）宰杀，去掉鱼头和内脏，用水清洗鱼身（包括鱼腹），然后擦净水分。

2　A、梅干、姜和1的沙丁鱼放到平底锅内摆好，开中火（a）。

3　盖上直径小于锅沿的锅盖（参考第13页），烧8分钟左右，仅将沙丁鱼盛到盘内。

4　3的炖汁内放入小油菜，烧10秒左右后，连汤汁一起装盘。依个人喜好，撒上核桃。

15

掌握沙丁鱼手工宰杀方法！

沙丁鱼鱼身柔软，手工宰杀操作简单。这种方法不仅能够一同去掉小刺，鱼身上也不会遗留不必要的鱼中骨，建议手工宰杀。

1 去除鱼鳞

用刀从鱼尾向鱼头方向刮擦，去掉两面鱼鳞

2 切掉背鳍

拉出背鳍，从根部切掉

3 去头

从胸鳍下入刀，斜刀切掉鱼头

4 开腹

鱼头朝向自己，斜刀切开鱼腹

5 挑出鱼肠

切开鱼腹，用刀尖挑出鱼肠

6 清洗

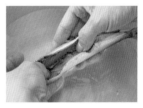

用流水清洗鱼腹。用拇指腹剐破血合肉的薄膜

🐟 沙丁鱼生

1 剥鱼皮

从鱼头一侧拉扯鱼皮，整片剥掉

2 划上菱格状刀口

用刀浅浅划上菱格状刀口

3 切开鱼身

斜拉入刀，切成3厘米宽左右小段

← 沙丁鱼烹饪食谱

· 梅香姜煮沙丁鱼（第 15 页）
· 香酥沙丁鱼（第 76 页）
· 奶油焗烤白菜沙丁鱼（第 86 页）

7	**8**	**9**	**10**
擦净水分	插入左手拇指	插入右手拇指	打开鱼身

| 用纸巾等物仔细擦净鱼身（包括鱼腹）水分 | 左手拇指插入鱼腹中央，沿着中骨上方向头部一侧移动，破开鱼身 | 同样，插入右手拇指，向鱼尾一侧移动，破开鱼身 | 拇指左右翻开，打开鱼身 |

11	**12**	**13**	**14**
撕下中骨	去除中骨	片掉腹骨	去除小刺，完成

| 从鱼头一侧捏住中骨，向尾部撕拉，扯下 | 将中骨连小刺一起拉掉，同时去掉鱼尾 | 刀身放平入刀，片掉腹骨。另一侧同样处理 | 用手指触摸，如有小刺，用鱼刺夹朝鱼头方向拔除 |

用中骨做"鱼骨煎饼"，参考第 27 页

盛到铺有青紫苏叶的盘内，配上姜（擦泥）丫、蘘荷（切丝）

看这里 小贴士

菱格状刀口可以不划，但是划上之后更好看，并且口感更佳。"沙丁鱼圆"等烤后加热食用的做法，可以不去除腹骨和小刺。

材料（2 人份）

金枪鱼（鱼生段） 200 克

紫洋葱 1/4 个

香葱（切碎） 1/4 把

襄荷（切碎） 1 根

生菜 2 片

	砂糖 1 小匙
	酱油 1 大匙
	醋 2 大匙
A	色拉油 1 小匙
	姜（擦泥） 1/4 小匙
	蒜（擦泥） 1/4 小匙
	焙煎芝麻（白） 1 大匙

看这里 小贴士

金枪鱼要做成半熟，注意勿加热过度。由于余热也能烤熟，所以煎烤后，要马上切开。纤维丰富的金枪鱼经加热后，纤维会软化，变为凝胶状，非常美味。

以下鱼块亦可

鲣鱼（鱼生段）、
三文鱼（鱼生段）、
鲕鱼（鱼生段）

烹饪方法

1 平底锅烧热，铺上烹饪纸，金枪鱼整面略微煎烤（a），然后切成 1 厘米厚左右小段。

2 紫洋葱切成薄片，用水冲洗，去掉辣味后，仔细挤掉水分。

3 **A** 放入碗内，仔细拌匀，然后放入 1、2、香葱和襄荷搅拌。

4 盘内铺上生菜，把 3 盛到上面。

铺上烹饪纸，煎至带上焦色

丰味烤金枪鱼

土豆烧鲕鱼

材料（2 人份）

鲕鱼块（切成一口大小） 2 块（200 克）

土豆（切成一口大小） 中等大小 2 个

胡萝卜（切成一口大小） 1/2 根

洋葱（切薄片） 中等大小 1 个

大葱（斜切薄片） 1 棵

荷兰豆（去筋） 4 个

色拉油 1 大匙

A
清酒 1/2 杯
砂糖 2 大匙
酱油 2 大匙

以下鱼块亦可

鲜鲑鱼、鲅鱼、剑鱼、
青花鱼、三文鱼

看这里

小贴士

土豆和胡萝卜切得太大不易熟，建议切成一口大小，然后仔细翻炒。另须注意，鲕鱼火候过大会发硬。

烹饪方法

1 平底锅内放色拉油烧热，放入土豆和胡萝卜，中火翻炒 5 分钟。

2 1 的上面撒上洋葱、大葱，加入鲕鱼和 A，盖上锅盖，开大火，开锅后，转中火烧 8 分钟。放入荷兰豆，盖上锅盖再烧1 分钟。

3 整体稍做搅拌，装盘。

秋刀鱼前处理

① 用刀刮鱼皮，去掉鱼鳞

② 斜向入刀，切掉鱼头

③ 从肛门处插入刀尖，剖开鱼腹，去除内脏。用流水冲洗鱼腹，并用纸巾等物将水擦净

④ 沿中骨入刀，剖开鱼身

⑤ 从鱼头侧入刀，保留鱼尾，片掉中骨

⑥ 刀身放平入刀，片掉双侧腹骨

a 鱼身均匀涂上淀粉

b 秋刀鱼鱼皮朝下放入锅内

c 煎至带焦色后，翻面

d 倒入炖汁，不盖锅盖烧干

材料（2人份）

秋刀鱼　2条
淀粉　少许
梅干　2个
香油　1大匙
萝卜苗　适量
花椒粉　1/2小匙

A（炖汁）	清酒　4大匙
	酱油　4大匙
	味淋　4大匙

以下整鱼亦可

沙丁鱼、竹荚鱼、
针鱼、梭子鱼

梅椒风味蒲烧秋刀鱼

烹饪方法

1　秋刀鱼从整鱼开始（参考左栏）进行前处理，然后切成两半，全身抹上淀粉（a），并把多余淀粉拍掉。

2　梅干去核，用刀稍微拍扁，拌到**A**中。

3　平底锅内倒入香油烧热，放入**1**（b），两面煎得微带焦色（c）。

4　放入**2**，中火烧3分钟左右，烧干汤汁（d）。装盘，配萝卜苗，撒上花椒粉。

看这里　小贴士

秋刀鱼做好前处理后，烹饪工作非常轻松。整条出售的秋刀鱼请卖家杀好会很方便。如果感觉梅干过酸，可在炖汁中加入少许砂糖。如果使用冷冻秋刀鱼烹饪，请放在冰箱冷藏室内解冻后使用。

海岩烧金眼鲷

材料（2人份）

金眼鲷块　2块

盐　少许

蛤蜊（去沙）　200克

A
| 清酒　1杯
| 姜（擦泥）　1小匙
| 青海苔　2大匙

以下鱼块亦可

鲜鳕鱼、加吉鱼、鲽鱼、
三文鱼、鲜鲑鱼

加入 A，盖上锅盖，开大火

烹饪方法

1　金眼鲷全身撒上薄盐。

2　1 的金眼鲷鱼皮朝上放到平底锅内，放入蛤蜊，并把 A 浇到上面（a）。

3　盖上锅盖，开大火，开锅后，转中火，焖烧8分钟。

看这里

小贴士

蛤蜊和青海苔也会析出盐分，调味使用薄盐调整即可。

⊙蛤蜊去沙：贝壳放入两件套沥水篮中，加盐水（以300毫升水加2小匙盐为准）至刚刚没过贝壳程度。用大盘或者铝箔等物罩在上面，制造内部昏暗环境，在冰箱中放 1~2 小时。蛤蜊吐出沙后，用流水搓洗干净。

以下鱼块亦可

鲜鳕鱼、加吉鱼、鲽鱼、
竹荚鱼、鲜鲑鱼

泡姜浇汁烤青花鱼

材料（2 人份）

青花鱼块　2 块（半条，200 克）

盐　少许

色拉油　1 大匙

淀粉　少许

狮子椒　4 根

泡姜（市售品，切大块）*　30 克

水淀粉**　2 小匙

A
| 清酒　1 大匙
| 砂糖　1/2 大匙
| 生抽　1/2 大匙
| 醋　1 大匙
| 味淋　1 大匙

小贴士

鱼块涂满淀粉，成菜酥
脆可口。

烹饪方法

1　青花鱼去除鱼骨（参考第 35 页），切成一口大小，撒薄盐，抹上淀粉，然后拍掉多余淀粉。

2　平底锅内倒入色拉油烧热，放入 1、狮子椒，煎至两面带上焦色，熟后取出备用。

3　2 的平底锅内放入泡姜和 A 煮开锅，倒入水淀粉弄成芡汁后，将 2 重新倒入锅内，使鱼块裹上芡汁。

* 甜醋腌制姜。

** 淀粉 1 小匙、水 1 小匙混合而成。

23

鲜笋烧鳕鱼

🐟 材料（2 人份）

鲜鳕鱼块（切成一口大小） 2 块（200 克）

水煮竹笋 100 克

裙带菜（干燥） 2 大匙

A（炖汁）
| 清酒 1/2 杯
| 水 1/2 杯
| 生抽 1 大匙
| 味淋 1 大匙
| 姜（切丝） 1/2 拇指首节大小

以下鱼块亦可

加吉鱼、金眼鲷、鲽鱼、
　　鲆鱼、鲜鲑鱼

🍳 烹饪方法

1　干裙带菜用水泡开，然后挤净水分。竹笋切成半月形。

2　平底锅内放入 **A**、鳕鱼和 **1**，盖上直径小于锅沿的锅盖，中火烧 5 分钟左右。

油煎剑鱼烧南瓜

🐟 材料（2 人份）

剑鱼块（切成一口大小）
　　　2 块（200 克）

南瓜（切成一口大小） 100 克

淀粉 1 大匙

色拉油 2 大匙

A
| 日式面露（3 倍稀释） 1 大匙
| 水 1/2 杯

以下鱼块亦可

鲕鱼、加吉鱼、鲈鱼、
　　竹荚鱼、鲜鲑鱼

🍳 烹饪方法

1　剑鱼全身抹上淀粉，并把多余淀粉拍掉。

2　平底锅内倒入色拉油烧热，放入 **1**、南瓜，煎炸至两面带上焦色，然后取出剑鱼。

3　锅内放入 **A**，中火烧 1 分钟左右。将 **2** 的剑鱼重新放入锅内，快速烧至表面裹上汤汁。

🐟 **材料（2人份）**

竹荚鱼　2片（1条量）

山药（按1厘米厚切圆片）　30克

姜（切丝）　1/2 拇指首节大小

香葱（按3厘米长切段）　2根

A | 咸辣鱿鱼（市售品）　40克
| 清酒　1/2 杯

以下整鱼亦可

秋刀鱼、沙丁鱼

🍳 **烹饪方法**

1　竹荚鱼（参考第26页）宰杀，去掉棱鳞和鱼骨。

2　竹荚鱼鱼皮朝上放入平底锅内，上方依次铺上山药、姜和香葱。

3　浇上拌好的 **A**，开中火，盖上锅盖，焖烧5分钟。

咸辣竹荚鱼

🐟 **材料（2人份）**

鲅鱼块　2块（200克）

甘蓝（切丝）　2片（100克）

青椒（切圈）　1/2 个

胡萝卜（切细长条）　1/4 根（40克）

色拉油　1大匙

A（酱汁）| 白芝麻酱　1大匙 | 酱油　1小匙
| 清酒　1/4 杯 | 味噌酱　1大匙
| 水　1/4 杯 | 味淋　1大匙

以下鱼块亦可

鲜鲑鱼、鲜鳕鱼、青花鱼、鲥鱼、鲈鱼

🍳 **烹饪方法**

1　平底锅内抹上色拉油，放入甘蓝、青椒、胡萝卜和鲅鱼。

2　浇上拌匀的 **A**，盖上锅盖，中火焖烧5分钟。

鲅鱼甘蓝锵锵烧

掌握竹荚鱼三枚去中骨法！

这是整鱼的基本去骨方法。掌握步骤之后，能够应用于多种菜肴，非常方便。

中骨勿丢弃，可以抹上淀粉，做成『鱼骨煎饼』。

如要做烤鱼等整鱼菜，此处步骤加上去除棱鳞

1 去除鱼鳞

用刀从鱼尾向鱼头方向刮擦，去掉两面鱼鳞

2 去头

从胸鳍下入刀，斜刀切掉鱼头

3 划开鱼腹

从肛门处插入刀尖，划开鱼腹

4 挑出鱼肠

切开鱼腹，用刀尖挑出鱼肠

5 用刀尖切掉血合肉

用刀尖切断鱼腹内部血管，并用流水冲洗鱼腹

6 擦净水分

用纸巾等物仔细擦净鱼身（包括鱼腹）

🐟 竹荚鱼生

1 剥鱼皮

从鱼头一侧拉扯鱼皮，整片剥掉

2 划上菱格状刀口

用刀浅浅划上菱格状刀口

3 切开鱼身

斜拉入刀，切成3厘米宽左右小段

7
从鱼头侧入刀

从鱼头一侧沿中骨按压入刀，边切边进

8
切到鱼尾根

左手持鱼身，进刀至鱼尾根切开鱼身

9
鱼身切成两片

鱼身切成两片的样子

10
另一侧同样切开

鱼身翻面，中骨朝下，同样从鱼头一侧入刀

11
切成 3 片

鱼身切成 3 片

12
片掉腹骨

放平刀身入刀，片掉腹骨

13
另一片同样片掉

使用同样方法，片掉另一侧腹骨

14
去除小刺，完成

用鱼刺夹向鱼头方向拔除

鱼骨煎饼

中骨均匀抹上盐和淀粉，用小火，在加热至 160℃的油炸用油中炸 5 分钟左右

盛到铺有青紫苏叶的盘内，配上生姜（擦泥）

看这里

小贴士

菱格状刀口可以不划，但是划上之后更好看，并且口感更佳。小葱（切碎）、襄荷（切丝）等佐料依个人喜好。

材料（2人份）

鲥鱼块　2块
萝卜　1/4根
淀粉　少许
色拉油　1大匙
香葱（切碎）　少许

A（炖汁）
清酒	1/2杯
水	1/2杯
砂糖	1大匙
酱油	1大匙
味淋	1大匙
姜（切薄片）	4片

以下鱼块、整鱼亦可

青花鱼、鲣鱼、竹荚鱼、
沙丁鱼

烹饪方法

1　萝卜去皮，按1.5厘米厚切圆片，两面划上菱格纹，切成4份。

2　鲥鱼切成一口大小，薄薄抹上一层淀粉，并把多余淀粉拍掉（a）。

3　平底锅内倒入色拉油烧热，放入1，煎至两面带上焦色。

4　放入2的鲥鱼，双面快速煎一下（b）。

5　倒入拌匀的A（c），大火煮开锅后，盖上直径小于锅沿的锅盖（d），中火烧8分钟左右。盛盘，撒上香葱。

全部抹上淀粉，并把多余淀粉拍掉

鲥鱼快速煎一下，达到带焦色程度

倒入炖汁煮沸

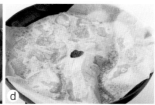

盖上用烹饪纸（或者铝箔）做成的直径小于锅沿的锅盖煮

萝卜煎鲥鱼

小贴士

要领在于将萝卜煎熟。如用开水焯，煮至烂软需30分钟左右，但用这种方法，短时间即可完成。考虑到易熟程度，萝卜勿切太厚。

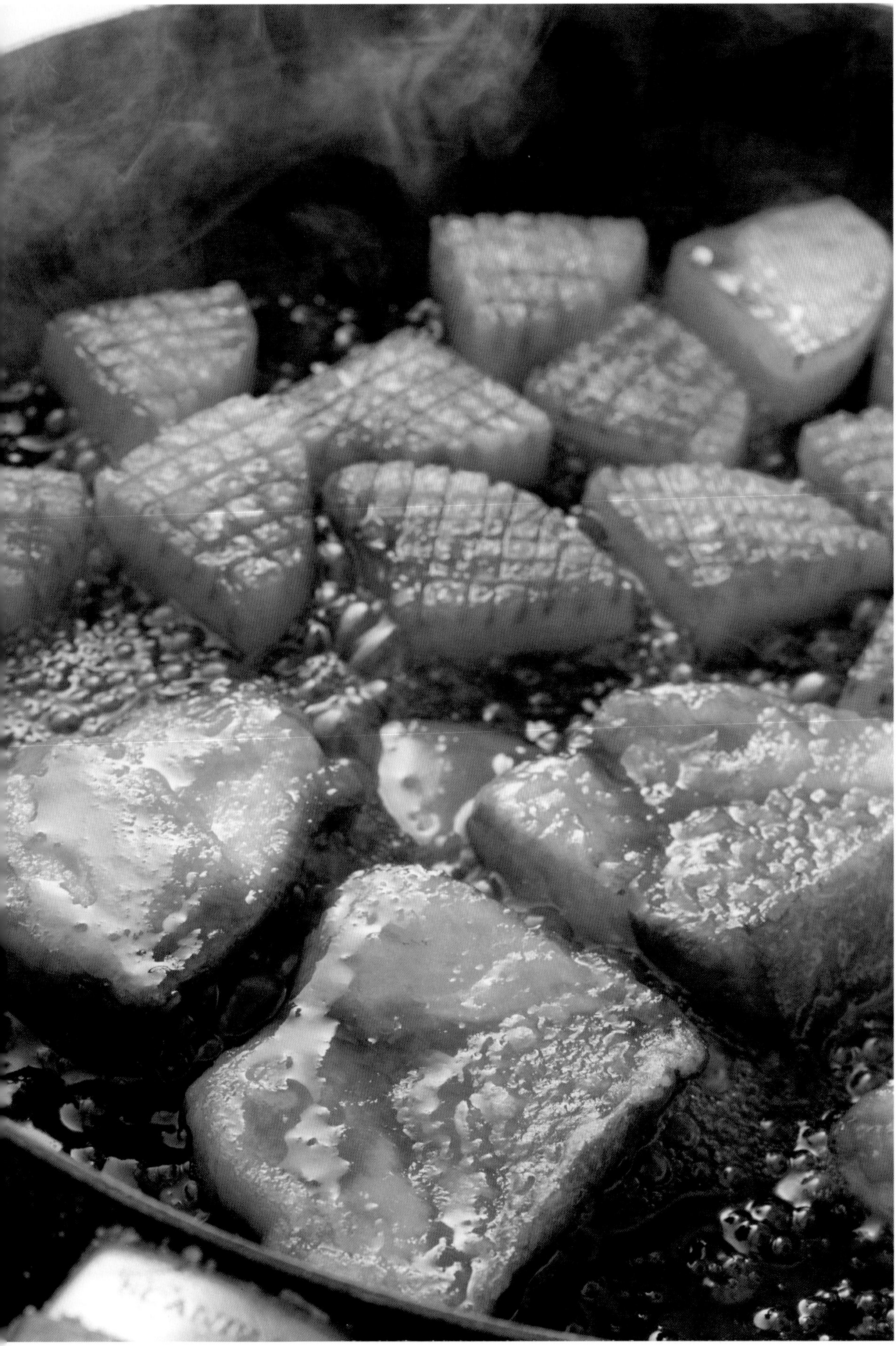

a 鱼背两面划上2道深1厘米左右的刀口

b 蛤蜊和萝卜泥快速翻炒一下

c 放入平鲉鱼，倒入清酒

d 盖上锅盖焖烧

平鲉鱼做完前处理后，放在平底锅内焖烧即可。萝卜泥充分吸收蛤蜊汤汁，堪称无上美味！

🐟 材料（2人份）

平鲉鱼　1条（300克）

盐　少许

色拉油　1大匙

清酒　1/2杯

A
> 蛤蜊（去沙，参考第22页）　200克
> 萝卜泥　1/4根量（250克）
> 姜（切丝）拇指首节大小
> 生抽　1大匙

B
> 苦苣（切段）　2棵
> 泡姜（粗切碎）　10克
> 生榨芝麻油（或者芝麻油）　1小匙

以下整鱼亦可

石鲈鱼、金吉鱼、加吉鱼、金眼鲷、竹荚鱼

看这里

小贴士

平鲉鱼请卖家宰杀后，操作起来非常简单。萝卜泥水分因季节而异，如果焖烧过程中水量不足，适量加水。

和风意式 水煮平鲉鱼

🍳 烹饪方法

1　平鲉鱼（参考第44页）宰杀处理。去除鱼鳞、鱼鳃和内脏，用流水冲洗，然后擦净水分。在两面鱼背划上刀口（a），撒薄盐，放置10分钟左右。

2　平底锅内倒入色拉油烧热，放入 **A**（b），快速翻炒一下。

3　放入 **1** 的平鲉鱼，倒入清酒（c），盖上锅盖（d），中火焖烧8分钟左右。

4　**3** 盛盘，配上拌好的 **B**。

材料（2人份）

三文鱼块
　　　2块（200克）

绿芦笋　2根

蟹味菇　10朵

粗研黑胡椒　少许

A
（炖汁）
土豆（擦泥）　中等
大小1个量（150克）

清酒　1/2杯

水　1/2杯

生抽　2小匙

以下鱼块亦可

鲜鲑鱼、鲜鳕鱼、加吉鱼、鲈鱼、金眼鲷、剑鱼、鲕鱼

土豆浇汁三文鱼

看这里

小贴士

利用土豆泥自然成芡。亦可用山药代替。

炖汁浇在配料上

烹饪方法

1　绿芦笋按4厘米长切段，蟹味菇去蒂。

2　三文鱼放入平底锅内，上方放上1。浇上拌匀的 **A**（a），盖上锅盖，开大火，开锅后，转中火焖烧5分钟。

3　装盘，撒上黑胡椒。

🐟 **材料（2 人份）**

加吉鱼块
　　　2 块（200 克）
盐　少许
腌芜菁片 *　6 片
蟹味菇　10 朵
金针菇　20 克

A ｜ 清酒　1/2 杯
　　｜ 水　1/2 杯

壬生菜　1 棵

以下鱼块亦可

鲜鳕鱼、金眼鲷、
鲈鱼

腌芜菁片菌菇烧加吉鱼

小贴士

如果腌芜菁片中有红
辣椒和海带，一起煮即
可。腌芜菁片亦可用糖
醋萝卜代替。

加吉鱼放在中间，菌菇放周围

🍳 **烹饪方法**

1　蟹味菇去蒂，金针菇分成小朵。壬生菜按 5
厘米长切段。

2　加吉鱼撒上一层薄盐，放入平底锅内，加入
蟹味菇和金针菇，上方放上腌芜菁片（a）。浇
上 **A**，然后盖上锅盖，开大火，开锅后，转中
火，焖烧 5 分钟左右。

3　盘内铺上壬生菜，将 **2** 装盘。

*　一种京都腌菜，芜菁切成薄片用醋腌渍。

带腌汁油炸，口感入味，味道鲜香。油炸用少量油即可！

a 如有中骨，切掉

b 放平刀身入刀，片掉腹骨

c 用鱼刺夹，朝鱼头方向拔出小刺

d 均匀抹上腌汁

e 倒入淀粉，拌匀

f 均匀裹上面衣的样子

材料（2 人份）

青花鱼块　2 块（半条，200 克）
淀粉　3 大匙
色拉油　2 大匙
柠檬片　1 片
香芹　适量

A（腌汁）
清酒　1 小匙
酱油　2 小匙
姜（擦泥）　1/4 小匙
蒜（擦泥）　1/4 小匙

以下鱼块亦可

鲥鱼、剑鱼、鲜鲑鱼、金枪鱼、鲣鱼

烹饪方法

1　青花鱼去掉中骨（a），片掉腹骨（b），拔除小刺（c），按 2 厘米宽切段。

2　A 放入塑料袋内混合，放入 1，轻轻揉捏（d），放置 10 分钟左右。

3　2 中加入淀粉（e），全部裹满（f）。

4　平底锅内倒入色拉油烧热，放入 3 煎炸。装盘，配上柠檬片、香芹。

龙田炸青花鱼

樱花虾和青海苔做面衣的铁板竹荚鱼

喷香诱人！

❶ 从胸鳍下方斜向入刀，翻面同样入刀，切掉鱼头

❹ 从鱼头一侧入刀，保留鱼尾，片掉中骨

❷ 剖开鱼腹，挑出内脏，用流水冲洗，并擦净水分

❺ 放平刀身入刀，片掉两侧腹骨

❸ 从鱼头一侧入刀，沿中骨一直切到鱼背一侧，剖开鱼身

❻ 用鱼刺夹朝鱼头方向拔除小刺

看这里

小贴士

如买杀好的竹荚鱼，烹饪工作会很轻松。如果整条买，请卖家宰杀好后较为方便。由于炸衣带有咸味，所以不用蘸酱料即可食用。

🐟**材料（2 人份）**

竹荚鱼	2 条	
油炸用油	适量	
甘蓝切丝	适量	
A	面粉	3 大匙
	水	1/4 杯
	盐	1/4 小匙
B	面包糠	20 克
	樱花虾（粗切碎）	20 克
	青海苔	20 克

以下整鱼亦可

沙丁鱼、秋刀鱼

樱虾酥炸竹荚鱼

a 竹荚鱼两面裹上 A

b 马上放入 B 中，充分裹上炸衣

🥢 **烹饪方法**

1 竹荚鱼（参考上栏）剖开鱼腹。

2 A、B 分别放入方平底盘等容器内，并分别拌到一起。

3 1 的竹荚鱼裹上 A（a），放入 B 中，均匀裹上炸衣（b）。

4 油加热到 170℃，放入 3，炸至带上焦色。装盘，配上甘蓝丝。

🐟 材料（2 人份）

鲜鲑鱼块　2 块

青刀豆　3 根

莲藕　30 克

淀粉　1 大匙

盐　1/4 小匙

色拉油　1 大匙

热米饭　盖浇饭用 2 人份

海苔（切成两半）　1/2 片

蛋黄　2 个

A（料汁）
| 清酒　1 大匙 |
| 砂糖　1 小匙 |
| 酱油　1 大匙 |
| 味淋　1 大匙 |

以下鱼块亦可

金枪鱼、剑鱼、鲜鳕鱼、三文鱼、加吉鱼、青花鱼

看这里　**小贴士**

用勺子刮鲑鱼鱼身，如有鱼刺，请去除。

🍳 烹饪方法

1　用勺子刮鲑鱼鱼身（a），并用勺子轻轻拍打（b）。青刀豆按 5 毫米宽切碎，莲藕切碎。

2　将 **1**、淀粉和盐放入碗内（c），用力搅拌，直到变得有黏性，然后分成 6 等份，团成鱼团（d）。

3　平底锅内倒入色拉油烧热，煎 **2**（e），两面都带上焦色后，倒入拌好的 **A**，大火烧干锅。

4　碗内盛上米饭，放上海苔，盛上 **3**，浇上蛋黄。

照烧鲑鱼团盖饭

a　用勺子用力刮鱼身

b　用勺子打碎鱼身，并拍打均匀

c　碗内放入材料拌到一起

d　分成 6 等份，团成椭圆形

e　煎至两面带上焦色

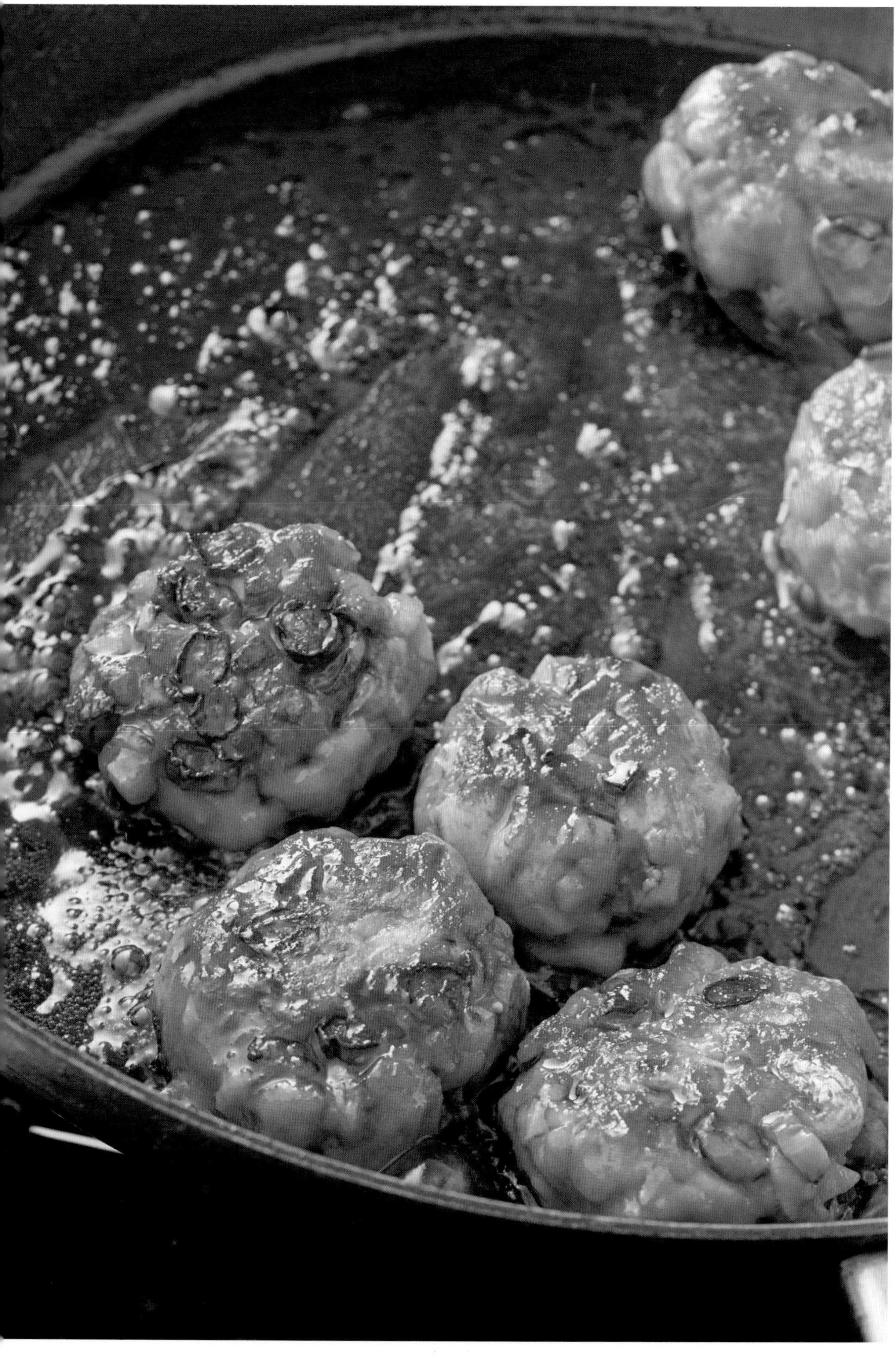

材料（4人份）

竹荚鱼　1条

大米　2杯

姜（切丝）　拇指首节大小

鸭儿芹（切大段）　4棵

A｜汤汁　2杯

　｜清酒　2大匙

　｜生抽　1大匙

以下整鱼、鱼块亦可

秋刀鱼、鲜鲑鱼、
加吉鱼

看这里

小贴士

平底锅务必使用直径26厘米的锅（不同平底锅火候不一）。如果米饭偏硬，可加少许水，延长烹煮时间，或者略微增加焖锅时间。大米浸泡30分钟~1小时，煮后米饭会蓬松柔软。如用电饭锅烹煮，仅把汤汁改为320毫升即可。

竹荚鱼放到米饭上方，盖上锅盖烹煮　煮熟后，用饭勺直接搅拌

竹荚鱼生姜煮米饭

烹饪方法

1　竹荚鱼（参考第26页）宰杀，去除棱鳞、小刺。大米淘好后浸泡30分钟左右，然后倒入箩中沥水。

2　平底锅内放入 **1** 的大米，倒入混合好的 **A**，放入姜，上方放上竹荚鱼（a）。盖上锅盖，开大火，开锅后转小火，烧12分钟。

3　关火，然后再原样焖10分钟（即将焖好前放入鸭儿芹）。

4　整体直接搅拌（b），装碗。

🐟 材料（2 人份）

鲣鱼（鱼生段） 1 段（约 200 克）

香油 2 大匙

蒜（切薄片） 1/2 瓣

襄荷（切碎） 1 根

萝卜苗 少许

A
| 砂糖 1 大匙 |
| 酱油 3 大匙 |
| 味淋 1 大匙 |
| 芥末酱 1/2 小匙 |

B
| 热米饭 300 克 |
| 寿司醋（市售品） 2 大匙 |
| 青紫苏叶（切丝） 5 片 |
| 焙煎芝麻碎（白） 1 大匙 |

以下鱼块亦可

金枪鱼（鱼生段）、
三文鱼（鱼生段）

A 放入袋中拌匀后，放入鲣鱼　微微煎出焦色

鲣鱼手捏寿司

🍳 烹饪方法

1 A 和鲣鱼放入塑料袋内, 腌 10 分钟左右（a）。

2 平底锅内倒入香油烧热, 煸炒大蒜, 发出香味后, 放入 **1** 的鲣鱼, 快速煎至全身带上焦色（b）, 取出, 切成 1.5 厘米宽。

3 碗内放入 **B** 搅拌, 放凉后装盘, 放上 **2**, 撒上襄荷和萝卜苗。

看这里

小贴士

寿司醋亦可用 1.5 大匙醋、1.5 小匙砂糖、1 撮盐混合而成。剩余炸蒜片撒到米饭上也很美味。

白菜银鱼
金针菇拌咸海带

🐟 材料（2人份）

白菜（切丝） 2片

金针菇 1/4把

银鱼 2大匙

咸海带 1~2大匙

白芝麻 1大匙

香油 2小匙

🔘 烹饪方法

1 金针菇去蒂，按3厘米长切段。

2 碗内放入所有材料，用手轻轻揉拌。

芝士奈良酱菜
拌土豆泥

🐟 材料（2人份）

土豆（去皮切成6块） 中等大小2个

盐 少许

奈良酱菜（粗切碎） 30克

茅屋芝士 50克

萝卜苗（如有） 少许

🔘 烹饪方法

1 平底锅内倒入足量水，放入土豆、盐，开火，煮至土豆烂软。

2 碗内放入1，用叉子等工具粗粗压碎，放入奈良酱菜、茅屋芝士拌好。

3 盛盘，依个人喜好，配上萝卜苗。

什锦明太豆腐

🐟 材料（2人份）

老豆腐（切成1厘米方块）
　　1/2 方
羊栖菜（干）　10 克
胡萝卜（切丝）　1/4 根
水煮大豆（市售品）　50 克
魔芋（切丝）
　　1/4 片（50 克）

香菇（切薄片）　2 个
色拉油　1 大匙

A 辣明太子（散粒）
　　　2 大匙
　清酒　2 大匙
　生抽　1/2 大匙

🍳 烹饪方法

1　羊栖菜用水泡开，沥水后切大块。

2　平底锅内倒入色拉油烧热，放入所有材料（A除外）翻炒。

3　放入拌到一起的 A，快速翻炒一下，装盘。

竹笋海苔
炸豆腐拌干木鱼

🐟 材料（2人份）

水煮竹笋　40 克
炸豆腐块　40 克

A 青海苔　2 小匙
　鲣鱼干　2 小匙
　盐　1/4 小匙

🍳 烹饪方法

1　竹笋和炸豆腐块切成容易食用的大小，用开水快速焯一下，倒到箩筐内沥水。

2　碗内放入 1，倒入 A 拌好。

【宜配菜肴】
第 19 页　土豆烧鲕鱼
第 24 页　油煎剑鱼烧南瓜
第 35 页　龙田炸青花鱼
第 36 页　樱虾酥炸竹荚鱼
第 40 页　竹荚鱼生姜煮米饭
第 41 页　鲣鱼手捏寿司

【宜配菜肴】
第 11 页　根菜浓炖鲽鱼
第 12 页　味噌酱煮青花鱼
第 23 页　泡姜浇汁烤青花鱼
第 28 页　萝卜煎鲕鱼
第 32 页　土豆浇汁三文鱼

整鱼前处理

『和风意式水煮平鲉鱼』（第30页）、『黑醋焖竹荚鱼』（第57页）、『香草焖石鲈鱼』（第84页）等使用整鱼烹饪时的宰杀方法。此处介绍使用厨房剪的处理方法，简单、安全。

4
剖开鱼腹

从肛门处插进厨房剪剪尖，向鱼头方向切入 4 厘米 ~5 厘米

1
去鳞

用刀从鱼尾向鱼头方向刮擦，去掉两面鱼鳞

5
挑出鱼肠

厨房剪剪尖插入鱼腹，挑出鱼肠

2
剪断鱼鳃根部

掀开鳃盖，用厨房剪剪断两侧鱼鳃根部

6
冲洗，擦拭

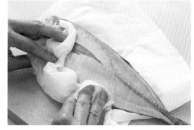

用流水仔细清洗鳃盖内部，并用纸巾等物擦净水分

3
去掉鱼鳃

用厨房剪（或者用手捏住）拉出鱼鳃去掉

7
去除棱鳞

如用竹荚鱼，从鱼尾根部入刀，削掉坚硬的棱鳞

看这里
小贴士

"去鳞" ⇒ "去鳃" ⇒ "去鱼肠" ⇒ "冲洗，擦拭"等基本作业每种鱼都一样。任何一个步骤马虎，都会产生腥味，需要认真对待。

第 2 章

中式和泰式菜肴

粉丝加吉鱼泰式沙拉

🐟 材料（2人份）

加吉鱼（鱼生段）　100 克

盐　少许

椰子油（或者橄榄油）　2 大匙

粉丝　50 克

紫洋葱（切薄片）　1/4 个

芫荽（按 5 厘米长切段）　1 把

胡萝卜（切丝）　1/4 根

巴旦木（碎）　5 粒

A（料汁）	鱼露　1 小匙
	橄榄油　1 大匙
	柠檬汁　1 大匙
	姜（擦泥）　1 小匙
	七味唐辛子粉　1/2 小匙

以下鱼块亦可

金眼鲷（鱼生用）、
鲣鱼

只煎鱼皮那一面，鱼身半生
即可

🍳 烹饪方法

1　加吉鱼切成一口大小，撒盐。平底锅
内倒入椰子油烧热，煎一下鱼皮（只煎鱼
皮那一面）（a）。

2　粉丝焯水后，捞到箩筐中沥水。紫洋葱
用水冲洗，去掉辣味后，倒入箩筐中，仔
细挤掉水分。

3　碗内放入 **2**、芫荽、胡萝卜、巴旦木
和 **1** 的加吉鱼，快速拌一下，装盘。浇上
拌好的 **A**。

竹荚鱼蔬菜沙拉

🐟 **材料（2人份）**

竹荚鱼　1条

黑芝麻　2大匙

色拉油　2大匙

A ┃ 面粉　1大匙
　　┃ 水　3/4杯

B（沙拉汁）
┃ 砂糖　1/2大匙
┃ 酱油　1小匙
┃ 醋　1大匙
┃ 香油　1大匙
┃ 蒜（擦泥）　1/4小匙
┃ 白芝麻　1小匙
┃ 七味唐辛子粉　1/4小匙

C
┃ 生菜（手撕）　1/4棵
┃ 小西红柿（竖切两半）　4个
┃ 黄瓜（切成4厘米长条）
　　　　1/2根
┃ 大葱（切丝）　1/4棵

以下整鱼亦可

秋刀鱼、沙丁鱼

🥄 **烹饪方法**

1　**A**、**B** 分别放入容器内，拌匀。

2　竹荚鱼（参考第26页）宰杀，切成容易入口大小，裹上 **A**，全鱼身撒上黑芝麻。

3　平底锅内倒入色拉油烧热，放入 **2**，炸至呈焦色，捞出沥油。

4　**C** 和 **3** 精心搭配装盘，配上 **B**，吃前浇上。

小竹荚鱼沙拉

🐟 **材料（2人份）**

小竹荚鱼　4条
盐　少许
淀粉　适量
香油　2大匙
芫荽（按5厘米长切段）　1把
大葱（切丝）　1/4棵

A（沙拉汁）
｜ 砂糖　1/2大匙
｜ 鱼露　2小匙
｜ 柠檬汁　2大匙
｜ 七味唐辛子粉　1/4小匙

捏住鱼鳃，向鱼尾方向拉扯，
连内脏一起去掉

看这里 **小贴士**

鱼露换成酱油，芫荽换成苦苣或者鸭
儿芹，就是日式风味。

🥄 **烹饪方法**

1　拉扯小竹荚鱼整个鱼鳃，去掉内脏
（a），用流水仔细洗掉鱼血，然后仔细
擦净水分。撒盐，裹上淀粉。

2　平底锅内倒入香油烧热，煎炸 **1**。

3　碗内放入芫荽、大葱、**1**，再加入拌
好的 **A** 搅拌，装盘。

🐟 **材料（2人份）**

鲕鱼块　2块

淀粉　2大匙

色拉油　1大匙

彩椒（红、黄）　各1/4个

青椒　1个

莲藕　50克

A（料汁）
黑醋（或醋）
　　　2大匙
砂糖　1大匙
黄酒（或清酒）
　　　1大匙
酱油　1大匙

以下鱼块亦可

剑鱼、鲣鱼、
金枪鱼、鲜鳕鱼、
三文鱼、鲜鲑鱼

醋熘鲕鱼

a
边煎边用筷子翻面

🍳 **烹饪方法**

1　鲕鱼切成一口大小，裹上淀粉，并把多余淀粉拍掉。彩椒、青椒和莲藕切成容易入口大小。

2　平底锅内倒入色拉油烧热，放入1，煎至带上焦色（a）。

3　食材熟后，倒入拌好的**A**，快速翻炒，使食材整体裹上料汁，装盘。

榨菜炒鲣鱼

🐟 **材料（2人份）**

鲣鱼（鱼生段）　200克

水煮竹笋　100克

榨菜（市售品，粗切碎）　50克

韭菜（按5厘米长切段）　3根

香油　1大匙

A（腌汁）
　清酒　1大匙
　酱油　1/2大匙
　味淋　1大匙
　蒜（擦泥）　1/2小匙

🍳 **烹饪方法**

1 鲣鱼按1厘米厚切开。竹笋按容易入口大小，切成半月形。

2 **A**放入塑料袋内混合，然后放入 **1** 的鲣鱼，放置10分钟。

3 平底锅内倒入香油烧热，炒竹笋，至带上焦色后，加入榨菜、韭菜、**2** 连腌汁一起倒入翻炒。鲣鱼达到半熟程度后，关火，装盘。

> **以下鱼块亦可**

三文鱼（鱼生段）、金枪鱼（鱼生段）

🐟 **材料（2人份）**

鲜鳕鱼块　2块（200克）

蛋液　1个量

淀粉　1小匙

大葱（切丝）　1/4棵

鸭儿芹（切大段）　2棵

A｜黄酒　2大匙
（炖汁）｜日式面露（3倍稀释）　1大匙
｜水　1/2杯

以下鱼块亦可

加吉鱼、鲈鱼、
金眼鲷

🥄 **烹饪方法**

1 鳕鱼切成一口大小。淀粉溶入蛋液。

2 平底锅内放入 **1** 的鳕鱼、大葱，倒入拌好的 **A**（a），盖上锅盖，开大火煮开锅后，转中火，焖烧 5 分钟。

3 打开锅盖，转圈倒入混有淀粉的蛋液，加入鸭儿芹再次煮开锅，然后盖上锅盖，关火，原样焖 1 分钟。

炖汁浇在鳕鱼、大葱上

鳕鱼焖蛋汁

有了微带酸味的香浓蔬菜酱，金眼鲷格外鲜美喷香！

蒜香酱炸金眼鲷

抹上预调味汁 **A**，放置 10 分钟　　抹上淀粉，并混合均匀

🐟 材料（2 人份）

金眼鲷块
　　2 块（200 克）
淀粉　4 大匙
香油　2 大匙
嫩菜　适量

A（预调味汁）	黄酒　1 大匙
	酱油　1 大匙

B（酱汁）	黄酒　2 大匙
	砂糖　1 小匙
	黑醋　2 大匙
	水　2 大匙
	大葱（切碎）2 大匙
	蒜（切碎）1/2 大匙
	姜（切碎）1/2 大匙

以下鱼块、整鱼亦可

鲜鳕鱼、加吉鱼、鲽鱼、
鲣鱼、平鲉鱼、石鲈鱼

开火加热至带上焦色，煎熟

B 煮沸，做出酱料

🔘 烹饪方法

1　**A** 放入塑料袋内混合，放入金眼鲷，轻轻揉捏（a），放置 10 分钟。放入淀粉，使鱼身全部裹上淀粉（b）。

2　平底锅内倒入香油烧热，放入 **1** 煎炸（c）。煎至双面带焦褐色后，取出，盛入铺着嫩菜的盘内。

3　**2** 的平底锅内放入 **B**，煮开锅后（d），关火，浇到 **2** 上。

材料（2人份）

鲜鳕鱼块　2块

盐　少许

淀粉　适量

香油　1大匙

香菇（切成一口大小）　4个

小油菜（按5厘米长切段）　1/2棵

水淀粉*　1大匙

A ｜ 中式速食汤（颗粒）　1.5小匙
　｜ 水　3/4杯
　｜ 生抽　1小匙

看这里

小贴士

鳕鱼容易散，撒上淀粉煎较为方便。烹饪时须仔细，不要翻动锅内。

烹饪方法

1　鳕鱼切成一口大小，撒盐，抹上淀粉，并把多余淀粉拍掉。

2　平底锅内倒入香油烧热，放入1、香菇翻炒，熟后放入小油菜，继续翻炒。

3　倒入拌好的A，开大火快速翻炒，使所有材料裹上汤汁。

4　倒入水淀粉，食材裹上芡汁后装盘。

*　淀粉1/2大匙、水1/2大匙混合而成。

以下鱼块、整鱼亦可

剑鱼、金眼鲷、鲈鱼、
加吉鱼、石鲈鱼、平鲉鱼

中式浇汁鳕鱼蘑菇

◖ 材料（2人份）

金枪鱼（鱼生段） 200克

淀粉 2大匙

色拉油 3大匙

壬生菜（切大段） 1/2棵

小西红柿（竖切4份） 4个

A （预调味汁）	黄酒 2大匙
	酱油 1大匙
	蒜（擦泥） 1/2小匙

B （料汁）	砂糖 1小匙
	酱油 1大匙
	黑醋 2大匙
	大葱（切碎） 3大匙
	姜（切碎） 1大匙
	香油 2小匙

以下鱼块亦可

鲣鱼（鱼生段）、
三文鱼（鱼生段）、
加吉鱼（鱼生段）

油淋金枪鱼

a 金枪鱼全身均匀抹上淀粉

b 用大火煎至表面带上焦色，内部半生即可

━◗ 烹饪方法

1 **A**放入塑料袋内混合，放入金枪鱼，放10分钟后取出，鱼身全部裹上淀粉（a）。

2 平底锅开大火加热色拉油，放入**1**，煎至双面鱼身表面带上焦色（b），按1厘米厚切开。

3 **2**盛入铺有壬生菜的盘内，浇上拌好的**B**，配上小西红柿装饰。

麻酱焖加吉鱼

🐟 材料（2人份）

加吉鱼（鱼生段）　200克（鱼块为2块）

盐　少许

茄子　1根

甘蓝（切丝）　1/4 个

A ｜ 清酒　1/4 杯
｜ 水　1/4 杯

B（酱汁）｜ 芝麻酱　1大匙
｜ 砂糖　1小匙
｜ 酱油　1小匙
｜ 醋　1小匙

以下鱼块亦可

太平洋鳕鱼、金眼鲷、
鲜鲑鱼、三文鱼、
鲆鱼、石鲈鱼

a

加吉鱼鱼皮朝上，铺到甘蓝上

🍳 烹饪方法

1　加吉鱼去除鱼骨，轻撒薄盐，茄子去蒂。A、B分别拌匀。

2　平底锅内铺上甘蓝，放入加吉鱼、茄子（a），浇上 A，盖上锅盖，中火焖烧5分钟。

3　茄子切成薄条，摆到盘子周围，将甘蓝、加吉鱼搭配装盘，浇上 B。

材料（2人份）

竹荚鱼　大个1条

彩椒（黄、红）　各1/4个

青椒　1/2个

大葱　1/4根

灰树花（手撕）　20克

A（炖汁）
- 砂糖　1小匙
- 酱油　2大匙
- 味淋　3大匙
- 黑醋　3大匙
- 姜（切碎）　1小匙
- 香油　1小匙

以下整鱼亦可

平鲉鱼、石鲈鱼、
金眼鲷、金吉鱼

将食材均匀分散后，浇上 A

小贴士

鱼的个头不同，焖烧时间有所区别，须结合情况调整。

烹饪方法

1　竹荚鱼（参考第44页）进行前处理，去掉内脏、鱼鳃和棱鳞。彩椒、青椒纵向切成1厘米宽长条，大葱按1厘米宽斜切段。A拌匀。

2　平底锅内放入竹荚鱼，其他食材放到周围，浇上A（a）。

3　盖上锅盖，开大火，开锅后，转中火，焖烧8分钟。

黑醋焖竹荚鱼

材料（2人份）

鲽鱼块　200 克

蛤蜊（去沙，参考第 22 页）　200 克

蒜（切薄片）　1 瓣

香油　1 大匙

水　1.5 杯

辣椒酱　1 小匙

A
- 老豆腐　1/2 方
- 大葱（斜向切薄片）　1/4 根
- 韭菜（按 3 厘米长切段）　3 根
- 魔芋丝　50 克

蛋黄　1 个

以下鱼块亦可

鲜鳕鱼、加吉鱼、
鲜鲑鱼

烹饪方法

1　鲽鱼、老豆腐切成一口大小。

2　平底锅内倒入香油烧热，翻炒蒜、蛤蜊，锅内发出香味后，放入水、辣椒酱搅拌，然后放入 1、A。

3　盖上锅盖，中火烧 8 分钟左右，装盘，依个人喜好，装饰蛋黄。

鲽鱼豆腐锅

蚝油西蓝花炒剑鱼

🐟 材料（2 人份）

剑鱼块　2 块（200 克）
西蓝花（分成小朵）　50 克
西红柿（切半月形）　1/2 个

A（料汁）
| 蚝油　1 大匙
| 黄酒　2 大匙
| 香油　1 小匙

◀● 烹饪方法

1　剑鱼切成一口大小。

2　所有材料放入平底锅内，盖上锅盖，中火焖烧 5 分钟。

3　拿掉锅盖，翻炒 1 分钟左右，装盘。

以下鱼块亦可

鲕鱼、金枪鱼、鲣鱼

回锅鲑鱼

🐟 材料（2 人份）

鲜鲑鱼块　2 块（200 克）
甘蓝（切大块）　2 片（100 克）
青椒（滚刀切）　1 个
胡萝卜（切细长条）　1/4 根

A（料汁）
| 甜面酱　1 小匙
| 清酒　2 大匙
| 砂糖　1 小匙
| 酱油　1 小匙
| 香油　1 小匙

◀● 烹饪方法

1　鲑鱼切成一口大小。

2　所有材料放入平底锅内，盖上锅盖，中火焖烧 5 分钟。

3　拿掉锅盖，翻炒 1 分钟左右，装盘。

以下鱼块亦可

鲜鳕鱼、加吉鱼、剑鱼

鱼皮朝下放置，刀身放平入刀，切掉鱼皮

大米摊平后，倒入 A

翻炒，蒸发掉水分

鲑鱼野泽菜炒饭

🐟 **材料（4人份）**

鲜鲑鱼块　2块

大米　2杯

野泽菜（粗切碎）　50克

香油　1大匙

白芝麻　1小匙

A ｜ 中式汤　2杯
　｜ 生抽　1大匙

以下鱼块亦可

加吉鱼、金眼鲷、鲜鳕鱼

🥄 **烹饪方法**

1　鲜鲑鱼去掉鱼皮（a），拔掉小刺。大米淘好后用水浸30分钟左右，然后捞到箩筐中沥水。

2　平底锅内倒入香油烧热，轻轻翻炒大米、野泽菜，倒入 **A**（b），放上 **1**。

3　盖上锅盖，开大火，开锅后，转小火烧12分钟。关火，焖10分钟。

4　打开锅盖，重新开大火，边搅拌边炒（c），然后装盘，撒上白芝麻。

泰式罗勒青花鱼臊饭

🐟 材料（2 人份）

青花鱼块　1 块（100 克）

彩椒（红、黄）　各 1/2 个

洋葱　1/2 个

色拉油　2 大匙

罗勒叶（切碎）　5 片

热米饭　2 碗量

荷包蛋　2 个蛋量

A
| 蒜（切碎）　1 小匙
| 姜（切碎）　1 小匙
| 红辣椒（去籽，切圈）　1 根

B
| 鱼露　2 小匙
| 蚝油　1 大匙

以下鱼块亦可

鲣鱼、鲜鲑鱼、剑鱼、
三文鱼

🍳 烹饪方法

1　青花鱼、彩椒、洋葱切成 1 厘米方块。

2　平底锅内倒入色拉油烧热，翻炒 A，发出香味后，放上 **1** 翻炒。整体变软后，倒入 B、罗勒叶，快速搅拌，使味道变均匀。

3　盛到米饭碗内，依个人喜好，放上荷包蛋。

榨菜腌芜菁

双翠牛肉沙拉

🐟 材料（2人份）

芜菁　3个	酱油　1小匙
芜菁叶茎　1个量	醋　1小匙
榨菜（粗切碎）　30克	姜（切碎）　1小匙
砂糖　1小匙	香油　2小匙
	白芝麻　1小匙

🐟 材料（2人份）

牛肉片　100克

水蓴菜　1把

香菜　1/2棵

A ｜ 鱼露　2小匙
　　｜ 橄榄油　2大匙

◗ 烹饪方法

1　芜菁根茎去皮，切成2厘米宽半月形，叶茎按1厘米切段。

2　所有材料装入塑料袋内，用手轻轻揉捏，然后放15分钟，使味道混合均匀。

◗ 烹饪方法

1　平底锅内倒水烧开，放入牛肉片，焯30秒左右，倒入箩筐中。

2　水蓴菜、香菜切成容易食用大小。

3　1装到盘中，然后放上2，浇上拌好的A。

金平地瓜

萝卜干拌凉菜

材料（2 人份）

地瓜　200 克		清酒　1 大匙
姜（切丝）	**A**	生抽　1 大匙
1/2 拇指首节大小		蜂蜜　1/2 大匙
香油　1 大匙		黑芝麻　1 大匙

材料（2 人份）

萝卜干　30 克	蒜（擦泥）
青紫苏叶（切丝）　3 片	1/4 小匙
砂糖　2 小匙	香油　1 小匙
生抽　1 大匙	白芝麻　1 大匙
醋　1 小匙	

烹饪方法

1　地瓜带皮按 5 毫米宽切条。

2　平底锅内倒入香油烧热，翻炒 1 和姜，熟后放入 **A**，使其裹到地瓜条上。

烹饪方法

1　萝卜干用水泡开，然后挤掉水分。

2　碗内放入所有材料，拌好装盘。

【宜配菜肴】

第 49 页　醋熘鲥鱼
第 57 页　黑醋焖竹荚鱼

【宜配菜肴】

第 46 页　粉丝加吉鱼泰式沙拉
第 48 页　小竹荚鱼沙拉
第 58 页　鲽鱼豆腐锅
第 60 页　鲑鱼野泽菜炒饭

2款海带腌加吉鱼

正宗做法是用海带夹鱼生段腌制，简易做法是用鱼生块和海带松做。海带的鲜美转移到鱼中，做出来的鱼生更加美味可口。

看这里

小贴士

用鲆鱼、鲅鱼、鲈鱼等白色鱼（鱼生用）做出来也很好吃。正宗做法是用保鲜膜密封，在此状态下存放2天。与蘸酱油和芥末食用相比，海带腌加吉鱼蘸盐芥末（盐＋芥末）吃的话，海带鲜美更胜一筹。

海带腌加吉鱼（正宗版）

●材料（2人份）

加吉鱼（鱼生段） 150克
海带 适量
盐 适量
萝卜苗 少许
A ｜ 盐 1撮
　｜ 芥末 1小匙

●烹饪方法

1　如果加吉鱼较大，切成鱼生段（a）。

2　海带用拧干的湿毛巾擦拭两面（b），轻撒薄盐（c）。

3　鱼生段放到海带上，轻撒薄盐（d），再盖上一层海带（e）。

4　用保鲜膜密封包好（f），在冰箱冷藏3小时~1晚腌制。切成薄片盛盘，配上萝卜苗、拌好的A。

a

加吉鱼生块放到海带松上

海带腌加吉鱼（简易版）

●材料（2 人份）

加吉鱼生块　150 克
海带松　2 大匙
萝卜苗　少许

A　盐　1 撮
　　芥末　1 小匙

●烹饪方法

1 在方平盘内摆上海带松，上方放上鱼生块（a）。

2 蒙上保鲜膜，放到冰箱内冷藏腌制 10~30 分钟。装盘，配上萝卜苗和拌好的 **A**。

a

如果鱼身过大，切成适当大小

b

用拧干的湿毛巾擦拭两面

c

在海带上轻撒薄盐

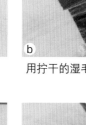

d

加吉鱼放到海带上，轻撒薄盐

e

用海带盖住整个加吉鱼鱼身

f

用保鲜膜包好，放在冰箱内冷藏腌制

西京渍炸鲅鱼

『西京渍』用料不多，做法简单。

此处介绍的方法为油炸，如果不用油炸，使用烤鱼架烤制的话，就能做出『鲅鱼西京烧』。

●材料（2人份）

鲅鱼块　2块

面包糠　适量

油炸用油　适量

A（味噌腌床）
- 西京味噌酱　2大匙
- 清酒　1大匙
- 味淋　1大匙

●烹饪方法

1　A 放入塑料袋内，用手揉捏混合（a）。

2　鲅鱼用纸巾等物擦净水分，装入 **1** 的袋内（b）。

3　用手将味噌腌床涂满鲅鱼表面，并抹均匀（c）。

4　封好袋口（d），放到冰箱内冷藏腌制 3~4 天。

5　用手轻轻抹掉味噌腌床，整体抹上面包糠，用加热到170℃的油炸用油炸至变焦黄。

看这里
小贴士

A 的味噌腌床使用"西京味噌2大匙+甜酒（用酒曲制作，市面上亦有售）2大匙"制作，成菜风味更馥郁。

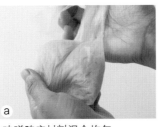

a　味噌腌床材料混合均匀

b　鲅鱼放入味噌腌床内

c　用手揉捏，抹上味噌腌床

d　封好袋口，放入冰箱冷藏室内

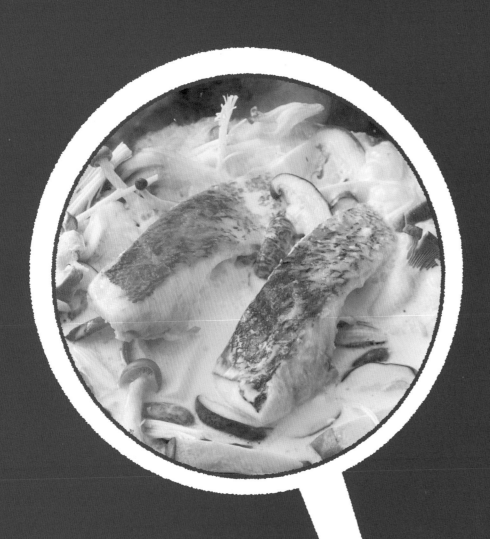

第 3 章

西式菜肴

巴萨米克醋味道浓郁，是决定口感的关键因素。

鱼身裹满浓稠的酱汁，鲜香迷人！

◖◖ 材料（2 人份）

鲕鱼块　2 块（200 克）

橄榄油　1 大匙

A（酱汁）
- 砂糖　1 大匙
- 酱油　1 大匙
- 巴萨米克醋　1 大匙
- 白葡萄酒　2 大匙

B（配菜）
- 酸橙片　2 片
- 牛油果（切圈）1/4 个
- 番茄片　2 片
- 嫩菜　适量

小贴士

如果是脂肪肥润的养殖鲕鱼和寒鲕鱼，煎时可不用油。

以下鱼块亦可

剑鱼、鲅鱼、三文鱼

西式照烧鲕鱼配酸橙片

单面煎好后，用锅铲翻面

倒入拌匀的酱汁

◖◖ 烹饪方法

1　平底锅内倒入橄榄油烧热，放入鲕鱼，单面煎至呈焦色后，翻面（a），煎制双面。

2　鱼身呈焦褐色后，倒入拌好的 **A**（b），转小火，将鲕鱼汤汁烧浓。

3　装盘，配上 **B** 装饰。

🐟 材料（2人份）

剑鱼块　2块（200克）

盐　少许

黄油　1大匙

A（蜂蜜泥）
萝卜　200克
香芹（切碎）　2小匙
芥末粒　1小匙
蜂蜜　1小匙
柠檬汁　1小匙
生抽　1小匙

B
紫洋葱（切片）　适量
绿叶生菜　适量

以下鱼块亦可

鲜鲑鱼、鲜鳕鱼、
加吉鱼、鲈鱼、三文鱼

黄油煎剑鱼
配蜂蜜泥

🍴 烹饪方法

1　剑鱼撒上薄盐。

2　平底锅内放黄油烧热，放入**1**，煎至两面呈焦色后，装到铺有**B**的盘中。

3　**A**的萝卜擦泥，略沥水后，与其他材料搅拌，配到**2**中。

🐟 材料（2人份）

三文鱼块　2块（200克）

盐　少许

黄油　1大匙

绿芦笋　2根

柠檬片　2片

A（番茄塔塔酱）
小西红柿（竖切4份）　4个
罗勒叶（粗切碎）　5片
蒜（擦泥）　1/4小匙
洋葱（切碎）　1大匙
沙拉酱　3大匙
生抽　1/4小匙

以下鱼块亦可

鲜鲑鱼、鲜鳕鱼、剑鱼、鲕鱼

法式黄油烤三文鱼
配番茄塔塔酱

🍴 烹饪方法

1　三文鱼撒上盐。**A**放入碗内，仔细搅匀。

2　平底锅内放黄油烧热，放入**1**的三文鱼，煎至呈焦色后，翻面。放入绿芦笋一起煎，装盘。

3　**2**内放番茄塔塔酱**A**、切成两半的绿芦笋，配上柠檬片。

材料（2人份）

金枪鱼（鱼生段） 100克

小西红柿 4个

橄榄油 1大匙

蒜（切薄片） 1瓣

泡菜小黄瓜（切薄片） 2根

鲜双孢菇（切薄片） 2个

米饭 1碗量

嫩菜 适量

A	清酒	1大匙
	酱油	1大匙
B	沙拉酱	2大匙
	芥末	1小匙
	蜂蜜	1小匙

金枪鱼番茄米饭沙拉

以下鱼块亦可

鲣鱼（鱼生段）、
鲕鱼（鱼生段）

看这里

小贴士

注意：金枪鱼要半熟程度，勿过熟。

烹饪方法

1 金枪鱼切成1厘米方块，小西红柿竖切4份。

2 平底锅内放入橄榄油、蒜，开小火，发出香味后，放入金枪鱼、小西红柿，快速翻炒（内部半熟即可）后取出。

3 2的平底锅内放入 A，大火煮开，放入双孢菇和米饭翻炒。

4 碗内放入2、3、泡菜小黄瓜、双孢菇、嫩菜和 B 拌好，装盘。

a
秋刀鱼双面煎至呈焦色

b
水煮番茄捣碎，浇上拌好的酱汁

c
盖上锅盖，烧 5 分钟

材料（2 人份）

秋刀鱼　2 条
盐　少许
蒜（切薄片）　1 瓣
橄榄油　1 大匙
南瓜（切薄片）　1/10 个（100 克）
西芹（滚刀切）　1/2 根
月桂叶　1 片

A（酱汁）
水煮番茄（罐装）　1 听量
砂糖　1 小匙
酱油　1/2 大匙

以下整鱼、鱼块亦可

沙丁鱼、竹荚鱼、青花鱼、剑鱼、鲜鳕鱼

烹饪方法

1　秋刀鱼（参考第 20 页），去掉鱼鳞、鱼头和内脏，切成两半，撒上盐。

2　平底锅内放入橄榄油、蒜，开小火，烧至发出香味后，放入 1，煎至双面呈焦色（a）。

3　放入南瓜、西芹、月桂叶，倒入拌匀的 A（b），盖上锅盖（c），中火烧 5 分钟。

番茄酱烧秋刀鱼

蝶鱼整尾煎制，喷香诱人。

要领：弱中火细细加热，勿烧焦。

鲽鱼前处理

① 用钢丝球刮擦鱼皮，去掉鱼鳞

② 背面使用同样方式去鳞，用水冲洗，然后擦净水分

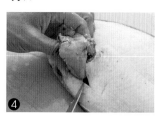

③ 捏住胸鳍，在鱼腹一侧切上刀口

④ 用刀尖挑出内脏，用手扯出

⑤ 掀开鳃盖，用厨房剪剪断，去掉鱼鳃。用流水冲洗，然后擦净水分

⑥ 鱼背切一道深1厘米左右的刀口

材料（2人份）

鲽鱼　1条（300克~400克）

盐　少许

橄榄油　2大匙

蒜（切碎）　1小匙

红辣椒（去籽）　1根

柠檬片、酸橙片　各3片

黄油　1大匙

以下整鱼亦可

鲜鳕鱼、鲜鲑鱼、
加吉鱼、鲈鱼

蒜香黄油煎鲽鱼

烹饪方法

1　鲽鱼（参考左栏）进行前处理，两面撒上盐。

2　平底锅内放入橄榄油、蒜和红辣椒，开小火，烧至发出香味后，1的鲽鱼鱼皮朝下放入，煎10分钟左右，直到表面呈焦色。

3　煎至呈焦褐色后，翻面，放入柠檬片和酸橙片，加入黄油，盖上锅盖，焖烧5分钟左右。

材料（2人份）

沙丁鱼　2条

橄榄油　1大匙

柠檬片　适量

意大利香芹　适量

A	盐　少许
	水　1大匙
	面粉　1大匙
	蒜（擦泥）
	1/2 小匙

B（炸衣）	面包糠　3大匙
	芝士粉　1大匙
	青紫苏叶（切碎）　5片量

以下整鱼亦可

竹荚鱼、秋刀鱼

单面抹上炸衣

使用锅铲翻面

烹饪方法

1 沙丁鱼（参考第16页）宰杀，将拌匀的 **A** 抹到单面鱼身上，并抹上拌好的炸衣 **B**（a）。

2 平底锅内倒入橄榄油烧热，将沙丁鱼抹炸衣面朝下，煎3分钟左右。

3 煎至呈焦褐色后，翻面（b），煎1分钟左右，装盘。依个人喜好，配上柠檬片、意大利香芹。

香酥沙丁鱼

小贴士

除了青紫苏叶以外，**B** 的香草内再加入干香芹、百里香和迷迭香等物，风味会更胜一筹。煎好的沙丁鱼放到纸巾或者铁丝网上，沥净油。

奶油芝士菌菇烩加吉鱼

🐟 材料（2 人份）

加吉鱼块　2 块

盐　少许

面粉　少许

橄榄油　1 大匙

香芹（切碎）　少许

A（菌菇）	蟹味菇	10 朵
	灰树花	20 克
	金针菇	20 克
	杏鲍菇	2 朵
	香菇	4 朵
B（酱汁）	牛奶	1 杯
	奶油芝士	1 大匙

以下鱼块亦可

鲜鲑鱼、鲜鳕鱼、
金眼鲷

鱼皮煎至呈焦色后，放入菌菇，浇上酱汁

小贴士

B 的酱汁要将牛奶缓缓倒入奶油芝士当中，逐渐化开芝士。注意火候，勿将酱汁烧焦。

🍳 烹饪方法

1　加吉鱼整体撒上薄盐、面粉。蟹味菇、灰树花、金针菇去蒂，分成小朵。杏鲍菇纵向切成容易食用大小，香菇切成薄片。

2　平底锅内倒入橄榄油烧热，1 的加吉鱼鱼皮朝下放入，煎至呈焦色，变脆。

3　加吉鱼翻面，放入 **A**，倒入拌好的 **B**（a），盖上锅盖，中火焖烧 8 分钟。装盘，撒上香芹。

77

材料（2人份）

青花鱼块　2块（200克）

盐　少许

橄榄油　1大匙

蒜（切薄片）　1瓣

百里香　2枝

A（蔬菜）
- 番茄　1个
- 茄子　1根
- 彩椒（黄）　1/2个
- 西葫芦　1/2根
- 洋葱　1/4个
- 西芹　1/2根
- 胡萝卜　1/2根

B
- 白葡萄酒　2大匙
- 味噌酱　2小匙
- 水　2大匙

以下鱼块亦可

大头鳕鱼、加吉鱼、剑鱼

看这里 小贴士

菜品刚出锅就很可口，但是如果放凉后放入冰箱冷藏，口感会格外出众。青花鱼要仔细擦净水分并撒上盐，以去除腥味。如果感觉腥味过重，可在撒盐前，进行"霜降"（参考第92页）处理。

烹饪方法

1　青花鱼撒上薄盐。**A**的蔬菜全部切成1厘米方块。

2　平底锅内倒入橄榄油烧热，放入蒜、**A**，快速炒一下。

3　放入 **1** 的青花鱼、百里香（a），倒入拌匀的 **B**，盖上锅盖，中火焖烧8分钟。

食材在平底锅内摊平加热

蔬菜杂烩青花鱼

柚焖三文鱼

🐟 材料（2 人份）

三文鱼块　2 块（200 克）

白葡萄酒　1/2 杯

A
生抽　1 大匙
橄榄油　2 大匙
柚子（剥掉果皮）　1/2 个
蒜（擦泥）　1/4 小匙
蜂蜜　2 小匙

以下鱼块亦可

加吉鱼、大头鳕鱼

🐟 烹饪方法

1　三文鱼装入塑料袋内，抹上 **A**，放置
10 分钟。

2　1 连汁倒入平底锅内，浇上白葡萄
酒，盖上锅盖，开大火，开锅后转中火，
焖烧 5 分钟。

柠汁腌鱿鱼加金枪鱼

🐟 材料（2 人份）

金枪鱼块　100 克

鱿鱼　1/2 条

A
盐　少许
橄榄油　2 大匙
柠檬汁　2 小匙
蒜（切碎）　1 小匙
罗勒叶（切碎）　5 片

以下鱼块亦可

加吉鱼、大头鳕鱼、
鲜鲑鱼

🐟 烹饪方法

1　金枪鱼切成薄片。鱿鱼（参考第 80 页）宰杀，鱼
身按 1 厘米宽切圈，鱼脚切成容易食用大小。

2　平底锅内倒入水烧开，金枪鱼焯 10 秒，鱿鱼焯 1
分钟左右。

3　碗内放入 **A** 拌匀，2 趁热放入搅拌。散去余热后，
放到冰箱冷藏室内冷却。

掌握鱿鱼宰杀方法！

了解鱿鱼基本宰杀方法后，可以应用于多种菜肴烹饪。

新鲜度较高的鱿鱼可做鱼生，其他可以炖、炸、炒，

做炒饭，花样繁多。

1
去掉鱼脚连体部分

手指插入鱼身，抠掉连接鱼身和内脏的筋膜

2
内脏带脚一起拉出

摁住鱼身，拉扯鱼脚，连内脏一起扯出

3
从鱼眼上方切开

从鱼眼上方入刀，切掉内脏和鱼脚

4
切掉不要的内脏

切掉鱼肠（鱼肝）前端不要的内脏部分

5
扯掉墨囊

拉掉挂在鱼肠上的墨囊

6
去除软骨

找到鱼身中的软骨拉出

7
用刀尖捅破鱼眼

用刀尖捅破鱼眼，这样一来，洗的时候就能一起拿掉晶体

8
去掉鱼嘴

鱼脚翻面，去掉鱼嘴

9
用盐搓掉黏液

用盐搓掉黏液，同时去掉吸盘，用水冲洗

10
宰杀完成

鱼身、鱼脚和鱼肠分开后的样子

← 鱿鱼烹饪食谱

· 柠汁腌鱿鱼加金枪鱼（第79页）

· 普罗旺斯鱼贝汤（第82页）

· 双鲜西班牙海鲜饭（第89页）

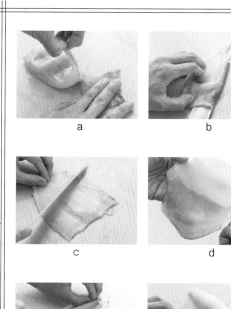

a　　　　b

c　　　　d

e　　　　f

🐟 鱿鱼拉面

━◑ 烹饪方法

去掉裙边（a），切开（b），用刀刮掉黏液（c）。用纸巾剥掉鱼皮（d），用水冲洗，然后擦净水分。按5毫米宽纵向切开（e），用刀挑起放到盘内（f）。依个人口味，搭配姜、酱油、日式橙醋等调味汁和佐料食用。

🐟 鱿鱼肠炒蛋

●材料（2人份）

鱿鱼　1条
鱿鱼肠　1条量
韭菜　3根
蛋液　2个量
姜（擦泥）　1/2 小匙
香油　1/2 大匙

A | 清酒、味淋　各 1/2 大匙
　　| 生抽　1/2 大匙

* 请按鱿鱼个头、鱼肠分量调整 A 的用量。

━◑ 烹饪方法

鱼身按1厘米宽切圈（a）。鱼脚切掉2条长脚（b），其他切成易于食用大小（c）。（a）和（c）放入碗内，挤出鱼肠（d）并搅拌。平底锅内倒入香油烧热，将（d）、姜和韭菜快速炒一下，倒入 A 搅拌，然后倒入蛋液，盖上锅盖，烧30秒钟至半熟状态，关火。

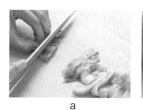

a

b

c

d

a 先炒蛤蜊和鱿鱼 　　b 放入鳕鱼、虾和香草，倒入 B 　　c 盖上锅盖，煮 8 分钟左右

普罗旺斯鱼贝汤

🐟 材料（2 人份）

鲜鳕鱼块　2 块（200 克）

蛤蜊（去沙，参考第 22 页）200 克

鱿鱼　1 条

盐　1/4 小匙

蒜（切薄片）1 瓣

橄榄油　1 大匙

洋葱（切碎）1/2 个

虾（带头）2 只

小西红柿（对半切）5 个

A（香草）｜ 月桂叶　1 片
｜ 迷迭香　1 枝
｜ 百里香　1 枝

B ｜ 白葡萄酒　1/4 杯
｜ 水　500 毫升

以下鱼块亦可

加吉鱼、鲈鱼、
石鲈鱼、平鲉鱼

🥄 烹饪方法

1 鱿鱼（参考第 80 页）宰杀，鱼身切圈，鱼脚切成容易食用大小。虾去掉虾线。

2 平底锅内放入橄榄油、蒜，开小火，烧至发出香味后，加入洋葱、盐，中火炒至变软，放入蛤蜊、鱿鱼，快速炒一下（a）。

3 放入鳕鱼、虾、小西红柿、A、倒入 B（b），盖上锅盖（c），开锅后，转小火烧 8 分钟。

看这里

小贴士

也可以与短意面一起煮。注意：如果炖煮火候过大，鱼贝类会发硬。

整鱼焖烧，香草气息迷人，风味馥郁可口，成菜口感取决于烹饪前的宰杀处理工序！

材料（2 人份）

石鲈鱼 　1 条（300 克）

橄榄油 　1 大匙

白葡萄酒 　1 杯

番茄（切 1 厘米方块）　1/2 个

蜂蜜 　1 小匙

意大利香芹（如有）　适量

A
蒜（擦泥）　1 小匙
香芹（切碎）　2 大匙
盐 　1 小匙

B（香草）
迷迭香 　2 枝
百里香 　2 枝

以下整鱼亦可

平鲉鱼、金眼鲷、竹荚鱼

在鱼背上划上刀口，全身抹上 A　剖开鱼腹，塞进香草

香草焖石鲈鱼

烹饪方法

1　石鲈鱼（参考第 44 页）进行前处理。去掉鱼鳃和内脏，在鱼背两侧划上深 1 厘米左右的刀口，擦净水分。鱼身全部抹上拌好的 **A**（a），鱼腹内塞上 **B**（b），放在冰箱冷藏 30 分钟左右。

2　平底锅内倒入橄榄油烧热，放入 1，开大火，双面仔细煎至呈焦色。

3　倒入白葡萄酒，盖上锅盖，中火焖烧 8 分钟，装盘。

4　3 的平底锅内放入番茄、蜂蜜，快速翻炒一下，浇到 3 的石鲈鱼上。依个人口味，配上意大利香芹。

看这里

小贴士

如将 1 放在冰箱冷藏 1 天左右，成菜更加可口。

奶油焗烤白菜沙丁鱼

材料（2 人份）

沙丁鱼　2 条

盐　少许

蒜（擦泥）　1/2 小匙

白菜（切丝）　2~3 片（200 克）

比萨用芝士　4 大匙

香芹（切碎）　少许

A ┃ 凤尾鱼酱　2 小匙
　　┃ 橄榄油　1 大匙

B ┃ 土豆（擦泥）　中等大小 1/2 个量
　　┃ 牛奶　1 杯

以下整鱼亦可

秋刀鱼、竹荚鱼

用凤尾鱼酱炒白菜　　　　　倒入拌匀的 **B**

小贴士

擦成泥的土豆倒入炖汁中，成菜会有浇了浓稠白酱的感觉。希望香味更加浓郁时，盛到耐热容器内，用电烤箱烤几分钟，也会更加可口。

烹饪方法

1　沙丁鱼（参考第 16 页）宰杀，去掉鱼头和内脏。沙丁鱼全身抹上盐和蒜。

2　平底锅内放入 **A**、白菜，炒至变软（a），把 **1** 放到上面，然后浇上已经拌匀的 **B**（b）。

3　撒上芝士，盖上锅盖，中火焖烧 8 分钟。装盘，撒上香芹。

材料（2人份）

鲜鳕鱼块
　　2块（200克）
盐、胡椒　各少许
面粉　少许
土豆　1个
鲣鱼花　2大匙
橄榄油　2大匙
嫩菜　适量

A（酱汁）
酱油　1小匙
橙醋（市售品）　2大匙
芥末粒　1/2大匙
蜂蜜　1大匙
黄油　1/2大匙

以下鱼块亦可

鲜鳕鱼、金眼鲷、
鲈鱼

看这里

小贴士

切成丝的土豆用水冲
洗，洗掉多余淀粉，沥
净水分，就能做成口感
爽脆的裹衣。

鲣鱼花土豆丝香焖鳕鱼

撒上 1，裹起鱼身

使用锅铲和筷子翻面

烹饪方法

1　土豆切成细丝，用水冲洗，然后捞到箩筐中，沥净水分，
与鲣鱼花、橄榄油1大匙拌好。

2　鳕鱼抹上盐、胡椒和面粉，再在周围撒上 1（a）。

3　平底锅内倒入橄榄油1大匙烧热，放入 2，盖上锅盖，中
火焖烧5分钟。

4　打开锅盖，翻面（b），再烧3分钟，盛到撒有嫩菜叶的
盘内。

5　4 的平底锅内放入 A，快速烧热，浇到 4 上。

一道新鲜鱼贝混煮，柠檬清香扑鼻的西班牙海鲜饭。

基本要领：大米勿淘，直接使用！

a 秋刀鱼和鱿鱼快速煎一下

b 大米和洋葱用木铲仔细翻炒

c 盖上锅盖，小火烧 12 分钟

双鲜西班牙海鲜饭

🐟 材料（4 人份）

秋刀鱼　1 条

盐、胡椒　各少许

橄榄油　1 大匙

鱿鱼　1 条

橄榄（黑）　5 个

蒜（切碎）　1 瓣

洋葱（切碎）　1/2 个

大米　2 杯

A
| 水　2 杯
| 白葡萄酒　2 大匙
| 盐　1 小匙
| 藏红花　1 撮

B
| 意大利香芹　2 根
| 柠檬片　4 片

以下整鱼、鱼块亦可

竹荚鱼、沙丁鱼、加吉鱼、鲜鳕鱼、金眼鲷

🥄 烹饪方法

1　秋刀鱼（参考第 20 页）进行前处理，撒上盐、胡椒。鱿鱼（参考第 80 页）宰杀，鱼身切圈。

2　平底锅内放入橄榄油、蒜，开小火，烧至发出香味后，放入 **1**，快速煎一下（a），然后暂时取出。

3　**2** 的平底锅内放入洋葱、大米仔细翻炒（b），摊平，倒入已经拌匀的 **A**，加入橄榄，盖上锅盖（c），转大火，开锅后转小火烧 12 分钟，关火。**2** 放到上方，原样焖烧 10 分钟后，撒上 **B**。

看这里

小贴士

平底锅务必使用直径 26 厘米的锅，因平底锅大小和质地不同，水的蒸发程度不一。如果米饭偏硬，可加少许水再烧。

甘蓝苹果沙拉

🐟 材料（2 人份）

甘蓝　2 片
苹果　1/8 个

	砂糖　1 撮
	盐　1 撮
A	葡萄干　10 克
	柠檬汁　1/2 小匙
	橄榄油　1 大匙

粗研黑胡椒　少许

🍳 烹饪方法

1　甘蓝用手撕成容易食用大小，苹果滚刀切成小块。

2　1、A 放入塑料袋内，轻轻揉捏搅拌。装盘，撒上黑胡椒。

【宜配菜肴】
第 69 页　西式照烧鲕鱼配酸橙片
第 75 页　蒜香黄油煎鲽鱼
第 82 页　普罗旺斯鱼贝汤
第 89 页　双鲜西班牙海鲜饭

西式浅腌彩蔬

🐟 材料（2 人份）

茄子　1/2 根
黄瓜　1/2 根
彩椒（红、黄）　各 1/4 个
橄榄（黑）　4 个
橄榄油　1 大匙
柠檬汁　1 小匙
盐　1 撮

🍳 烹饪方法

1　所有蔬菜滚刀切成小块。

2　所有材料放入塑料袋内，用手轻轻揉捏，放置 10 分钟。

【宜配菜肴】
第 72 页　番茄酱烧秋刀鱼
第 78 页　蔬菜杂烩青花鱼
第 84 页　香草焖石鲈鱼

意式腌菜丝

 材料（2 人份）

萝卜　1/8 根

胡萝卜　1/4 根

罗勒叶　2 片

核桃（打碎）3 粒

A ｜ 砂糖　1 小匙
　｜ 盐　1 撮
　｜ 柠檬汁　1 小匙

🍳 烹饪方法

1　萝卜、胡萝卜切成细丝，用手揉捏，仔细挤净水分。罗勒叶用手撕成小片。

2　所有材料装入塑料袋内，边揉边拌，然后装盘。

蜜汁青豆

🐟 材料（2 人份）

蚕豆　6 粒

甜豆　4 根

青刀豆　4 根

砂糖　2 大匙

盐　1 撮

水　1/2 杯

橄榄油　1 小匙

白胡椒　少许

🍳 烹饪方法

小锅内放入所有材料，不盖锅盖，小火烧 10 分钟。

处理鱼杂碎时的一项重要工作是做好去腥工作。近来，超市等处也常有「盒装杂碎」出售。此处作为一例，介绍加吉鱼宰杀后剩余「杂碎」的利用方法。

加吉鱼杂碎的前处理

宰杀加吉鱼头

1
从鱼嘴入刀

鱼头立放，从鱼嘴处，垂直插入厚刃尖菜刀

2
切开鱼头

垫毛巾等物，按牢鱼头，利用杠杆原理，用力向下切开

3
切开鱼头（对半切）

鱼头切开后的样子

4
去掉鱼鳃

用厨房剪剪断两侧鱼鳃根部，去掉鱼鳃

5
砍开鱼下颌

用厚刃尖菜刀的刀刃砍开鱼下颌。用流水冲洗，去掉血合肉等物

6
进行霜降处理

去腥

鱼杂碎放入容器内，转圈浇上开水，冲洗浮沫，去掉腥味

7
去掉鱼鳞和血合肉

放到冷水中，用手轻轻摩擦表面，去掉鱼鳞、血合肉等物

● 材料（2人份）

加吉鱼头　1条量

萝卜　1/4 根

A（炖汁）
水　1/2 杯
清酒　1/4 杯
砂糖　1 大匙
酱油　1 大匙
味淋　1/2 大匙
姜（切薄片）　2 片

香葱（切碎）　适量

加吉鱼杂碎

● 烹饪方法

1　萝卜切成容易食用大小，放入冷水中加热，从冷水阶段开始计时，焯30分钟左右，直到变软。

2　平底锅内放入 1、加吉鱼头、A（a），盖上直径小于锅沿的锅盖，大火烧10分钟。

3　装盘，撒上香葱。

a

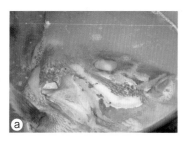

加吉鱼杂碎汤

汤汁不过滤，用"2 大匙左右味噌酱"代替A溶入汤中。视味道调整味噌酱用量。装盘，撒上香葱碎

a

加吉清鱼汤

● 材料（4人份）

加吉鱼杂碎　大个1条量（350克）

海带　10 厘米左右

水　1升

清酒　1/2 杯

A
盐　1/2 小匙
生抽　1/3 小匙

B（配料）
焯水素面　适量
鸭儿芹　少许
香橙（切丝）　少许

● 烹饪方法

1　平底锅内放入杂碎、海带、水、清酒，不盖锅盖，小火烧30分钟。如果烧开锅，汤会发浊，味道变差，务必保持不开锅状态烧煮（a）。

2　烧出汤汁后，用笊篱过滤，然后重新加热，用A调味。装盘，放入B。

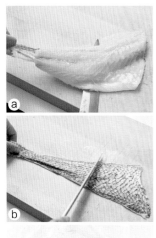

● 材料（2 人份）

加吉鱼皮　2 片

七味唐辛子粉　适量

A | 酱油　1 小匙
　 | 味淋　1 小匙

● 烹饪方法

1　手持三枚去中骨法处理后的加吉鱼半身尾部，刀身放平入刀，剥下鱼皮（a）。

2　拿住鱼皮尾部，用刀刮掉表面残留鱼鳞，揉捏鱼皮（b）。

3　A 装入塑料袋内，放入 **2**，仔细揉捏，放置 5 分钟（c）。

4　各张鱼皮分别卷到方便筷上（d）。手持部位缠上铝箔，防止烤焦。用烤箱或者烤鱼架烤至呈焦色，装盘，配上七味唐辛子粉。

● 材料（2 碗量）

鸡蛋　1 个

鸭儿芹　适量

A | 加吉清鱼汤（第 93 页）　1 杯
　 | 盐　1 撮
　 | 生抽　1/2 小匙

● 烹饪方法

1　鸡蛋放入碗内，用力搅碎。

2　**1** 内放入 A，仔细拌匀，用笊篱过滤到碗中，撒上鸭儿芹浮在上方。

3　平底锅内垫上抹布，倒入开水，至碗 1/3 高度处。

4　盖上用抹布包着的锅盖（a），小火烧 12~15 分钟。

3种腌鱼块

鱼生剩余较多时建议使用此法。以下介绍日式、中式和西式3种调味方法。除了可做菜肴和下酒小菜外，配上喜欢的佐料装盘，做成盖饭和茶泡饭也很可口。

中式风味
西式风味
日式风味

日式风味

●材料（2人份）

金枪鱼生　4~6片

A（腌汁）
酱油　1大匙
色拉油　1/2小匙
豆瓣酱　少许

西式风味

●材料（2人份）

三文鱼生　4~6片

A（腌汁）
砂糖　1小匙
生抽　1大匙
香油　1小匙
姜（擦泥）　1/2小匙

中式风味

●材料（2人份）

加吉鱼生　4~6片

A（腌汁）
生抽　1大匙
橄榄油　1小匙
柠檬汁　1小匙

小贴士

金眼鲷、鲈鱼、鲆鱼等白色鱼，鲕鱼、鲣鱼、竹荚鱼等也能做得很好吃。除此以外，日式风味加少许日式橙醋，中式风味加少许黑醋，西式风味加少许香草类也很不错。

●**烹饪方法**

1　鱼生、A装入塑料袋内（a）。

2　用手揉捏，使腌汁涂满整个鱼块（b）。

3　使用相同方法制作3种风味（c），放在冰箱内冷藏腌制5分钟。

图书在版编目（CIP）数据

鱼料理专家的美味菜单 ／（日）是友麻希著 ； 刘美
凤译. — 北京 ： 北京美术摄影出版社， 2020.2
　　ISBN 978-7-5592-0308-3

　　Ⅰ. ①鱼… Ⅱ. ①是… ②刘… Ⅲ. ①鱼类菜肴—菜
谱—日本 Ⅳ. ① TS972.126.1

　　中国版本图书馆 CIP 数据核字（2019）第 223557 号

北京市版权局著作权合同登记号：01-2018-5208

责任编辑：耿苏萌
助理编辑：于浩洋
责任印制：彭军芳

鱼料理专家的美味菜单
YU LIAOLI ZHUANJIA DE MEIWEI CAIDAN
［日］是友麻希　著

刘美凤　译

出　版　北京出版集团公司
　　　　北京美术摄影出版社
地　址　北京北三环中路 6 号
邮　编　100120
网　址　www.bph.com.cn
总发行　北京出版集团公司
发　行　京版北美（北京）文化艺术传媒有限公司
经　销　新华书店
印　刷　天津图文方嘉印刷有限公司
版印次　2020 年 2 月第 1 版第 1 次印刷
开　本　787 毫米 ×1092 毫米　1 / 16
印　张　6
字　数　160 千字
书　号　ISBN 978-7-5592-0308-3
定　价　49.00 元
如有印装质量问题，由本社负责调换
质量监督电话　010-58572393